图书在版编目（CIP）数据

水果笔记. 莓 / 涵芬楼文化编辑部编著. — 北京：商务印书馆, 2018

ISBN 978 - 7 - 100 - 15619 - 6

Ⅰ. ①水… Ⅱ. ①涵… Ⅲ. ①水果 — 图集 Ⅳ. ①S66-64

中国版本图书馆CIP数据核字（2017）第296647号

莓

涵芬楼文化编辑部 编著

商 务 印 书 馆 出 版

（北京王府井大街36号 邮政编码 100710）

商 务 印 书 馆 发 行

山东临沂新华印刷物流集团印刷

ISBN 978 - 7 - 100 - 15619 - 6

2018年2月第1版 开本 787×1092 1/32

2018年2月第1次印刷 印张 7

定价：60.00元

水果笔记 莓

start . .

end . .

篱笆那边

有一颗草莓

我知道，如果我愿

我可以爬过

草莓，真甜！

——艾米莉·狄金森

Jan.

Feb.

Mar.

Apr.

May.

June.

July.

Aug.

Sept.

Oct.

Nov.

Dec.

“巴尼特”覆盆子

无名草莓

“白绿”鹅莓

“威尔莫特”草莓

红醋栗

蓝莓

“大紫”鹅莓

黑莓

In case of loss, plesase return to:

____

____

____

____